河南省工程建设标准

城市综合体建筑智能化系统设计标准

Standards for design of building intelligent system of ubran complex

DBJ41/T143—2014

主编单位:河南丹枫科技有限公司
河南省纺织建筑设计研究院有限公司
河南省智能建筑协会
批准单位:河南省住房和城乡建设厅
施行日期:2014 年 10 月 1 日

黄河水利出版社
2014 郑州

图书在版编目(CIP)数据

城市综合体建筑智能化系统设计标准/河南丹枫科技有限公司主编. —郑州:黄河水利出版社,2014.9

ISBN 978-7-5509-0922-9

Ⅰ.①城…　Ⅱ.①河…　Ⅲ.①城市规划-综合建筑-智能化建筑-自动化系统-设计标准　Ⅳ.①TU984-65

中国版本图书馆 CIP 数据核字(2014)第216851号

策划编辑:王文科　电话:0371-66025273　E-mail:15936285975@163.com

出 版 社:黄河水利出版社

地址:河南省郑州市顺河路黄委会综合楼14层　邮政编码:450003

发行单位:黄河水利出版社

发行部电话:0371-66026940、66020550、66028024、66022620(传真)

E-mail:hhslcbs@126.com

承印单位:河南地质彩色印刷厂

开本:850 mm×1 168 mm　1/32

印张:2.25

字数:56千字　印数:1—4 000

版次:2014年9月第1版　印次:2014年9月第1次印刷

定价:28.00元

河南省住房和城乡建设厅文件

豫建设标〔2014〕52 号

河南省住房和城乡建设厅关于发布河南省工程建设标准《城市综合体建筑智能化系统设计标准》的通知

各省辖市、省直管县(市)住房和城乡建设局(委),各有关单位:

由河南丹枫科技有限公司、河南省纺织建筑设计研究院有限公司、河南省智能建筑协会主编的《城市综合体建筑智能化系统设计标准》已通过评审,现批准为我省工程建设地方标准,编号为 DBJ41/T143—2014,自 2014 年 10 月 1 日在我省施行。

此标准由河南省住房和城乡建设厅负责管理,技术解释由河南丹枫科技有限公司、河南省纺织建筑设计研究院有限公司、河南省智能建筑协会负责。

河南省住房和城乡建设厅

2014 年 8 月 20 日

前　言

根据《河南省住房和城乡建设厅关于印发2013年度河南省工程建设标准制订修订计划的通知》(豫建设标〔2013〕29号)的要求,编制组经过广泛调研,认真总结实践经验,结合我省城市综合体建筑智能化系统建设的实际情况,参考国家和行业相关标准,并在广泛征求意见的基础上制定本标准。

本标准符合国家建筑智能化系统建设的行业标准要求,规范了我省城市综合体建筑智能化系统的具体实施,对于城市综合体的节能、生态与环保有着重要意义。

本标准共分10章,主要内容有:总则;术语;基本规定;信息设施系统;信息化应用系统;建筑设备管理系统;公共安全系统;智能化集成系统;机房工程;电源、防雷与接地。

本标准所引用的规范、标准,均为最新(现行)版本。

本标准由主编单位负责解释。

在执行本标准过程中,请各单位注意总结经验,积累资料,随时将有关意见和建议反馈给河南丹枫科技有限公司(地址:郑州市经三路32号3号楼22层,邮政编码:450008),以供今后修订时参考。

本标准主编单位:河南丹枫科技有限公司
河南省纺织建筑设计研究院有限公司
河南省智能建筑协会

本标准参编单位:河南省公安厅
郑州大学
河南天瑞检测咨询有限公司
万达商业管理有限公司

万达商业规划研究院有限公司

本标准主要起草人:马正祥　王弘成　余新康　严玉萍
王世虎　杨晓俊　栗海玉　史志杰
过　萍　宋旭红　袁泽喜　呙瑞华
王洪伟　张小勇　方　艳　马瑞红
霍效允　李武星　谷　强　裴　烨
焦艳萍　岳建宏　刘志伟　孙　楹
乔瑞林　张　冰　祝静思　凌理华
马志伟　许圣斌　秦　涛　赵　阳
白彦坤　李志刚　刘辰帅　赵　灵
周春梅　方长生　何　俊　莫金宝
肖同杰　李　君　程荣初　孟延波
张　伟　孙海波　王丽敏　梁奇胜
孔祥其　刘　玲

本标准主要审查人:施俊良　高广义　段玉荣　张传武
马智勇　王自立　刘铁铭　冯冬青

目　次

1 总 则

1.0.1 为了规范城市综合体建筑智能化工程设计，提高城市综合体建筑的设计质量，促进技术进步，获得良好的社会效益、经济效益和环境效益，制定本标准。

1.0.2 本标准适用于我省城市综合体建筑智能化的新建、扩建、改建工程。

1.0.3 城市综合体建筑智能化工程设计，应遵循国家有关方针政策，做到技术先进、经济合理、实用可靠。

1.0.4 城市综合体建筑智能化工程设计，除应执行本标准外，尚应符合国家现行有关规范、标准的规定。

2 术　语

2.0.1　城市综合体　urban complex

将城市中的商业、办公、居住、酒店餐饮、综合娱乐等核心功能的三项以上进行组合，从而形成的一个多功能建筑或建筑群。

2.0.2　智能建筑　intelligent building

以建筑为平台，将建筑设备管理、办公自动化及通信网络、公共安全管理、运营服务管理优化组合，向人们提供一个安全、高效、舒适、便利的建筑环境。

2.0.3　综合布线系统　generic cabling system

建筑物或建筑群内部之间的传输网络。它能使建筑物或建筑群内部的语音、数据通信设备、信息交换设备、建筑物物业管理及建筑物自动化管理设备等系统之间彼此相联，也能使建筑物内通信网络设备与外部的通信网络相联。

2.0.4　系统集成　systems integration

将智能建筑内不同功能的智能化子系统在物理上、逻辑上和管理功能上连接在一起，以实现信息综合、资源共享。

2.0.5　智能化集成系统　intelligented integration system

将不同功能的建筑智能化系统，通过统一的信息平台实现集成，以形成具有信息汇集、资源共享及优化管理等综合功能的系统。

2.0.6　信息设施系统　information technology system infrastructure

为确保建筑物与外部信息通信网的互联及信息畅通，将对语音、数据、图像和多媒体等各类信息予以接收、交换、存储、传输、检索和显示等综合处理的多种信息设备系统加以组合，提供实现建筑物业务及管理等应用功能的信息通信基础设施。

2.0.7 信息化应用系统 information technology application system

以建筑物信息设施系统和建筑设备管理系统等为基础,为满足建筑物各类业务和管理功能的多种信息设备与应用软件组合的系统。

2.0.8 建筑设备管理系统 building management system

对建筑设备监控系统和公共安全系统等实施综合管理的系统。

2.0.9 建筑设备监控系统 building automation system

将建筑物或建筑群的电力、照明、空调、给排水等设备或系统,以集中监视、控制和管理为目的,构成的综合系统。

2.0.10 公共安全系统 public security system

为维护公共安全,综合运用现代科学技术,以应对危害社会安全的各类突发事件而构建的技术防范系统或保障体系。

2.0.11 机房工程 engineering of electronic equipment plant

为智能化系统的设备和装置等提供安装条件,以确保各系统有安全、稳定和可靠的运行与维护的建筑环境而实施的综合工程。

2.0.12 综合管廊 municipal tunnel

在城市地下建造的公用隧道空间,将电力、通信、供水等公用管线集中敷设在一个构筑物内,实施统一规划、设计、施工和管理。

3 基本规定

3.0.1 城市综合体建筑智能化系统宜由信息设施系统、信息化应用系统、建筑设备管理系统、公共安全系统、智能化集成系统、机房工程以及电源、防雷与接地系统等设计要素组成。

3.0.2 城市综合体建筑智能化系统工程设计，应考虑系统的质量和安全，并选用符合有关技术标准的定型产品。

3.0.3 城市综合体建筑智能化系统工程设计，应以增强城市综合体的科技功能和提升建筑物的应用价值为目标，以城市综合体业务类别、管理需求及建设投资为依据。

3.0.4 城市综合体建筑智能化系统的建设，应适应于不同规模的城市综合体以及不同的智能化业务管理需求、技术水平及建筑规模。

3.0.5 城市综合体建筑智能化系统的建设规模和设置内容，应按照项目建设投资状况、管理水平、地方标准及发展需求等调整，也可采用分期建设、分部实施的方式进行。

4 信息设施系统

4.1 一般规定

4.1.1 城市综合体信息设施系统应为建筑物的使用者及管理者创造良好的信息应用环境，应根据需要对建筑物内外的各类信息予以接收、交换、存储、传输、检索和显示等综合处理，并提供符合信息化应用功能所需的各类信息设备系统组合的设施条件。

4.1.2 城市综合体信息设施系统宜包含通信接入系统、电话交换系统、计算机网络系统、综合布线系统、室内移动通信覆盖系统、无线对讲系统、卫星通信系统、有线电视及卫星电视接收系统、广播系统、会议系统、信息导引及发布系统、停车导引系统、智能化室外管网系统等设计要素。

4.1.3 城市综合体建筑应根据管理模式，至少预留三个业务经营商通信、网络设施所需的安装空间。

4.1.4 城市综合体信息设施系统的设计应根据实际需求选择配置相关系统。

4.1.5 城市综合体信息设施系统设计应符合现行国家标准《智能建筑设计标准》GB/T 50314、《民用建筑电气设计规范》JGJ 16、《住宅建筑电气设计规范》JGJ 242 的规定。

4.2 通信接入系统

4.2.1 通信接入系统应根据用户信息通信业务的需求，将建筑物外部的公用通信网、专用通信网接入建筑物内，保证各类智能化系统的信号通畅，主要满足语音、数据、图像、电视、视频、控制等信号的接入需求。

4.2.2 通信接入系统可采用通信铜缆、光纤、无线、卫星信号等方式进行传输。

4.2.3 通信接入系统采用铜缆接入方式时应留有足够余量;采用光纤接入方式时应有冗余,不宜少于两根多芯光纤,两根及以上光纤接入时,宜从不同位置进入建筑物。

4.3 电话交换系统

4.3.1 应根据城市综合体不同功能区域,选择采用本地通信业务经营者所提供的虚拟交换方式、配置远端模块或设置独立的综合业务数字程控用户交换机系统等方式,满足建筑物内语音业务需求。

4.3.2 电话交换机房宜靠近计算机房,并设置备用电源。

4.3.3 建筑物公共部位宜配置公用的直线电话、内线电话和无障碍专用的公用直线电话、内线电话。

4.4 计算机网络系统

4.4.1 计算机网络系统应根据城市综合体各功能区域接入终端的规模、业务类型、网络架构等多种因素综合考虑具体配置,满足用户接入互联网、信息共享的需求。

4.4.2 计算机网络系统接入链路宜采用千兆位以太网(1000Base－T、1000Base－TX),骨干网络应采用万兆位以太网(10GBase－X)。

4.4.3 计算机网络系统应根据业务系统逻辑位置、网络使用者角色不同划分为内网、外网,内、外网之间宜采用物理隔离组网模式。内、外网内不同用户分组之间可采用物理隔离或配置不同网段。

4.4.4 网络体系结构应具有适度冗余可靠性保证,核心交换机宜具备虚拟化功能。

4.4.5 网络边缘出口区域,宜部署独立网关设备,开启网络 IP 地址转换功能,如存在多运营商链路情况,应开启多链路负载均衡。

4.4.6 无线局域网应根据无线应用的需求,进行热点区域覆盖,可采用基于无线接入点或基于天线、馈线进行组网部署。设计应考虑冗余,并宜考虑定位功能。

4.4.7 无线组网技术应采用主流技术标准 IEEE802.11n 技术或 IEEE802.11ac 技术。

4.4.8 无线网络室内覆盖应考虑墙体、玻璃、金属门窗等障碍物对信号的隔离,无线信号传输应具有多路径反射、信号传输功率智能调整效果。

4.4.9 无线网络室外覆盖应考虑设备的防雷、防水、防尘等功能。

4.4.10 无线网络架构宜采用无线交换机加简单接入点的集中式管理组网架构,满足无线应用扩展需求。

4.4.11 无线接入点供电应考虑防雷、消防、节能因素,宜采用 IEEE802.3at 或 IEEE802.3af 技术,利用标准以太网传输电缆同时传送数据和电功率。

4.4.12 应根据网络规模情况部署网络管理平台,实现对计算机网络的监控维护。

4.4.13 应考虑数据的重要性并进行技术经济性分析,宜在与信息机房不同的建筑单体内或不同地域,同步建设核心数据灾备系统。

4.5 综合布线系统

4.5.1 综合布线系统宜采用开放式星型拓扑结构,应能支持语音、数据、图文、图像等多媒体业务的需要。

4.5.2 综合布线系统应与信息化应用系统、公共安全系统、建筑设备管理系统等统筹规划,相互协调,并按照各系统信息的传输要求优化设计。

4.5.3 综合布线系统工程设计选用的电缆、光缆、各种连接线缆、跳线，以及配线设备等所有硬件设施，均应符合《大楼通信综合布线系统》YD/T 926.1～3 和《数字通信用对绞/星绞对称电缆》YD/T 838.1～4的各项规定。

4.5.4 综合布线系统作为综合体的公用通信配套设施，在工程设计中应满足为多家通信及数据业务经营者提供业务的需求。

4.5.5 主干布线线缆和配线器件在支持语音业务信息传输时，宜采用超五类及以上等级的铜缆布线器件；在支持数据、图像业务信息传输时，宜采用千兆及以上光缆布线器件或采用六类及以上等级的铜缆布线器件；铜缆和光缆配线架宜采用具有潜在物联网管理功能的端口型和链路型兼容的电子配线架系统。

4.5.6 光纤到户通信设施工程设计应贯彻执行国家的技术经济政策，应选用符合国家现行有关技术标准的定型产品。未经产品质量监督检验机构鉴定合格的设备及主要材料，不得使用。

4.5.7 应根据建筑使用与服务的对象，决定其综合布线系统采用非屏蔽系统或屏蔽系统。通常对有保密需求的专网、高频电磁干扰强的区域宜采用屏蔽系统。若设计中采用屏蔽系统，则必须保证传输信道全程屏蔽的一致性，且屏蔽层应良好接地。

4.5.8 公共交接间、设备间、电子计算机机房内的配线设备宜采用统一的色标，便于区别建筑内各类业务与用途的配线区。

4.5.9 综合布线系统应根据综合体的性质、功能、环境条件和近、远期用户需求进行设计，并应考虑施工和维护方便，确保综合布线系统工程的质量和安全。

4.5.10 应符合现行国家标准《综合布线系统工程设计规范》GB 50311 的有关规定。

4.6 室内移动通信覆盖系统

4.6.1 当建筑物内由于屏蔽效应出现移动通信盲区时，应设置室内移动通信覆盖系统。系统应支持多家运营商的通信服务，并考虑通过不同的运营商提供备用的传输通道。

4.6.2 建筑物内安装室内移动通信覆盖系统时，在管道密集和地下室等信号较弱和易受干扰区域，应考虑将基站的信号通过有线方式布设到相应的区域，并能通过小型天线发送基站信号。

4.6.3 室内移动通信覆盖系统应具有全频段的覆盖范围。

4.6.4 对室内需屏蔽移动通信信号的局部区域，宜配置室内屏蔽系统。

4.6.5 应符合现行国家标准《环境电磁波卫生标准》GB 9175 等的有关规定。

4.7 无线对讲系统

4.7.1 无线对讲系统的覆盖区域宜包含城市综合体建筑地上和地下所有空间。

4.7.2 天线的数量及位置应根据建筑类型选择，要保证整个建筑物内无盲区，通话清晰、无杂音。

4.7.3 无线对讲系统应根据城市综合体的管理模式，至少设置三个信道并预留一个信道。

4.7.4 无线对讲系统设计中应尽量做到室内场强均匀，在覆盖区域内的载噪比应大于 15 dB。

4.7.5 为保障电磁干扰不对人体产生影响，地上建筑的功率上下限值应在 -90 ~ 27 dBm，地下层功率的上下限值应在 -80 ~ 30 dBm。

4.8 卫星通信系统

4.8.1 城市综合体宜设置卫星通信系统。

4.8.2 城市综合体卫星通信系统应满足各类建筑的使用业务对语音、数据、图像和多媒体等信息通信的需求。

4.8.3 应在建筑物相关对应的部位，配置或预留卫星通信系统天线、室外设备安装的空间和天线基座基础、室外馈线引入的管道及通信机房的位置等。

4.9 有线电视及卫星电视接收系统

4.9.1 宜向用户提供多种电视节目源。

4.9.2 根据建筑物的功能需要，需配置卫星广播电视接收和传输系统的，应按照国家相关部门的管理规定。

4.9.3 应采用双向传输系统，所有设备及部件应具有双向传输功能。传输系统的规划应符合当地有线电视网络的要求。

4.9.4 应根据各类建筑内部的功能需要配置电视终端。

4.9.5 宜考虑信息导引及发布系统对有线电视信号接入的要求。

4.9.6 传输与分配网络宜符合下列要求：

1 单体建筑采用同轴电缆楼层集中分配分支方式；

2 建筑群之间采用光纤与同轴电缆混合网传输方式。

4.9.7 应符合现行国家标准《有线电视系统工程技术规范》GB 50200 的有关规定。

4.10 广播系统

4.10.1 根据使用的需要宜分为背景音乐广播系统和火灾应急广播系统。

4.10.2 背景音乐广播系统扬声器应均匀布置，无明显声源方向性，且音量适宜，不影响人群正常交谈。

4.10.3 火灾应急广播系统扬声器应设置在走道和大厅等公共场所，每个扬声器的额定功率不应小于 3 W，其数量应能保证从一个防火分区的任何部位到最近一个扬声器的距离不大于 25 m。走道内最后一个扬声器至走道末端的距离不应大于 12.5 m。

4.10.4 背景音乐广播系统的分路，应根据城市综合体建筑类别、播音控制、广播线路路由等因素确定。

4.10.5 应合理选择最大声压级、传输频率特性、传声增益、声场不均匀度、噪声级和混响时间等声学指标，以符合使用的要求。

4.10.6 有独立音源和广播要求的场所，应留有背景音乐的接口，并具备火灾时强制切换到应急广播的功能。

4.10.7 应配置多音源播放设备，以根据需要对不同分区播放不同音源信号。

4.10.8 宜根据需要配置传声器和呼叫站，具有分区呼叫控制功能。

4.10.9 系统播放设备宜具有连续、循环播放和预置定时播放的功能。

4.10.10 火灾应急广播的扬声器宜采用与背景音乐广播的扬声器兼用的方式。发生火灾时，应能强制切除背景音乐，接入火灾应急广播。

4.11 会议系统

4.11.1 应对会议场所进行分类，宜按大会议（报告）厅、多功能大会议室和小会议室等配置会议系统设备。

4.11.2 应根据需求及有关标准，配置组合相应的会议系统功能，系统宜包括视频显示系统、会议设备总控系统、会议发言系统、会议表决系统、同声传译系统、扩声系统、会议签到系统、照明控制系统、多媒体信息显示系统和音像资料存档查询系统等。

4.11.3 对于会议室数量较多的会议中心，宜配置会议设备集中管理系统，通过内部局域网集中监控各会议室的设备使用和运行状况。

4.11.4 视频会议系统可包括视频显示子系统、音频扩声子系统、视音频切换控制子系统、视音频跟踪子系统、计算机网络子系统。视频会议系统在满足会场布局、会议功能的同时，应结合显示技术的特点，选用其中一种或两种以上的系统组合方案。

4.11.5 电话会议系统可包括电话通信系统（程控交换机 PBX）、电话会议服务器（ctsIVR）、会议管理模块、会议操作员管理模块、数据库等。电话会议系统也可利用电信运营商提供的模块实现。

4.12 信息导引及发布系统

4.12.1 应能向建筑物内的公众或来访者提供告知、信息发布和演示以及查询等功能。

4.12.2 系统宜由信息采集、信息编辑、信息播控、信息显示和信息导览系统组成，根据实际需求进行系统配置及组合。

4.12.3 应根据需求合理选用信息显示屏的类型及尺寸。

4.12.4 信息显示屏应具有多种输入接口方式，宜有高清接口。

4.12.5 系统宜设专用的服务器和控制器，宜配置信号采集和制作设备及选用相关的软件。系统控制设备应能实现系统的终端管理、多级授权、同步播放等功能，能支持多通道显示、多画面显示、多列表播放和支持所有格式的图像、视频、文件显示及支持同时控制多台显示屏显示相同或不同的内容。

4.12.6 系统宜配置专用有线或无线局域网的传输系统。

4.12.7 系统播放内容应顺畅清晰，不应出现画面中断或跳播现象，显示屏的视角、高度、分辨率、刷新率、响应时间和画面切换显示间隔等应满足播放质量的要求。

4.12.8 具有引导需求的系统宜采用触摸屏查询、视频点播和手持多媒体导览器的方式浏览信息。

4.13 停车导引系统

4.13.1 应能向停车场的停泊车辆进行有效的引导和管理。

4.13.2 系统应包括数据采集系统、中央处理系统和输出显示系统。

4.13.3 根据系统功能需求，数据采集系统中车位探测方式可使用超声波探测、红外探测、地感线圈探测、视频探测。

4.13.4 中央处理系统应能对采集数据进行分析，并在相应输出设备上进行显示。

4.13.5 输出显示系统应包括车位占位灯、空车位显示灯及车辆引导屏。

4.13.6 宜设置触摸屏，提供查询及寻车功能。

4.13.7 宜配置专用局域网传输，并宜设专用的服务器和控制器进行管理。

4.14 智能化室外管网系统

4.14.1 城市综合体智能化室外管网系统应结合城市或区域的总体规划及其他市政管网规划，进行统一设计，统筹布局。

4.14.2 地下智能化管网的设计应与综合体其他设施的地下管线整体布局相结合，与综合体周边或内部道路同步建设，并应符合下列规定：

1 应与高压电力管、热力管、燃气管、给排水管保持安全的距离。

2 应避开易受到强烈震动的地段。

3 应敷设在良好的地基上。

4 路由宜以设备间为中心向外辐射，应选择在人行道、人行道旁绿化带。

4.14.3 地下智能化管网的总容量应根据管孔类型、线缆敷设方式，以及线缆的终期容量确定，并应符合下列规定：

1 地下智能化管网的管孔应根据敷设的线缆种类及数量选用，可选用单孔管、单孔管内穿放子管或多孔管。

2 地下智能化管网应预留一个到两个备用管孔。

4.14.4 室外智能化管网敷设宜采用塑料管或钢管，并应符合下列规定：

1　在下列情况下宜采用塑料管：

(1)管道的埋深位于地下水位以下或易被水浸泡的地段；

(2)地下综合管线较多及腐蚀情况比较严重的地段；

(3)地下障碍物复杂的地段。

2　在下列情况下宜采用钢管：

(1)管道附挂在桥梁上或跨越沟渠，或需要悬空布线的地段；

(2)管群跨越主要道路，不具备包封条件的地段；

(3)管道埋深过浅或路面荷载过大的地段；

(4)受电力线等干扰影响，需要防护的地段；

(5)建筑物引入管道或引上管道的暴露部分。

4.14.5　体量较大的城市综合体，可综合电力、供水等管线，充分利用地下室空间，建设综合管廊。

5 信息化应用系统

5.1 一般规定

5.1.1 信息化应用系统的功能应符合下列要求：

1 应提供快捷、有效的业务信息运行的功能。

2 应具有完善的业务支持辅助的功能。

5.1.2 信息化应用系统可包括工作业务应用系统、物业运营管理系统、公共服务管理系统、公众信息服务系统、智能卡应用系统和信息网络安全管理系统及其他城市综合体建筑功能所需要的应用系统。

5.1.3 信息化应用系统应在 UNIX、Linux、Windows 和其他成熟、开放的操作系统上运行，应满足建筑物所承担的具体工作职能及工作性质的基本功能。如有与其他异构系统互联、互通和互操作的需要，应事先对接口部分提出明确要求。

5.1.4 信息化应用系统应支持多种数据库，数据库的设计和使用必须确保数据的准确性、可靠性、完整性、安全性及保密性。在网络环境下，需要使用多种技术手段保护中心数据库的安全。数据的安全性、保密性应符合国家的有关规定。

5.1.5 信息化应用系统维护应简单、方便，包括建立日志、工作参数修改、数据字典维护、用户权限控制、操作口令或密码设置和修改、数据安全性操作、数据备份和恢复、故障排除等。

5.2 工作业务应用系统

5.2.1 工作业务应用系统应满足建筑物所承担的具体工作职能

及工作性质的基本功能。

5.2.2 工作业务应用系统可包括酒店管理系统、办公自动化系统、客流分析系统等,依据城市综合体建筑功能需要来配置。

5.2.3 酒店管理系统包含前台接待、前台收银、客房管理、销售、餐饮管理、娱乐管理、公关销售、财务查询、电话计费、系统维护、经理查询、工程维修等功能模块。

5.2.4 办公自动化系统包含公共资源管理、人事档案管理、公共信息管理、决策执行与协同应用、流程制定等功能模块。

5.2.5 客流分析系统包括人群流动量、人群流动方向等的统计、分析及记录,并对系统主要末端设备、网络设备及服务器进行运行状态监控。

5.3 物业运营管理系统

5.3.1 物业运营管理系统应包括资源管理、业户管理、财务管理、客服管理等功能模块。

5.3.2 物业运营管理系统宜包括企业管理子系统、业务处理子系统、信息门户子系统。

5.3.3 物业运营管理系统应支持创建新功能、新流程,支持自定义报表、自定义查询。

5.4 公共服务管理系统

5.4.1 公共服务管理系统宜包括紧急求助、家政服务、电子商务、远程教育、远程医疗、保健、娱乐等功能模块。

5.4.2 公共服务管理系统应具有各类公共服务的计费管理、电子账务和人员管理等功能。

5.5 公众信息服务系统

5.5.1 公众信息服务系统应具有集合各类公用及业务信息的接

入、采集、分类和汇总的功能，并建立数据资源库。

5.5.2 公众信息服务系统应能向建筑物内公众提供信息检索、查询、发布和导引等功能。

5.6 智能卡应用系统

5.6.1 智能卡应用系统宜具有出入口控制、停车场管理、电梯控制、消费管理等功能，并应预留与银行信用卡融合的功能。对物业管理人员，宜增加电子巡查、考勤管理等功能。

5.6.2 智能卡应包含持卡人的个人信息，应具有识别身份、门钥、重要信息密钥等功能。

5.6.3 智能卡应用系统数据中心应确保信息安全管理的要求，存储服务器宜设在信息中心设备机房内。系统管理中心应能实现卡片的人员资料管理、权限管理、消费/缴费管理等功能。

5.7 信息网络安全管理系统

5.7.1 信息网络安全管理系统应确保信息网络的正常运行和信息安全。

5.7.2 信息网络安全管理系统应根据各功能区域的不同安全等级对网络系统的物理层、链路层、网络层、传输层、会话层、表示层和应用层进行防护。

5.7.3 内网安全的控制，应从最底层阻断病毒来源，并设置网络杀毒软件。服务器能够链（连）接互联网及时更新杀毒软件。其他机器通过采用相应的桌面管理系统及防病毒软件，并通过服务器更新防病毒软件来减少病毒威胁。

5.7.4 存在互联出口的网络，应根据公安部 82 号令，实现对用户上网日志的记录，日志存储时间满足政策要求。

5.7.5 无线网络数据传输应进行数据安全加密。

5.7.6 无线网络应开启入网认证机制。

5.7.7 计算机网络边缘区域应部署防火墙,根据业务类型和安全等级,开启入侵防护系统、防攻击系统、防病毒系统等。

6 建筑设备管理系统

6.1 一般规定

6.1.1 城市综合体宜设置建筑设备管理系统。

6.1.2 建筑设备管理系统宜包括建筑设备监控系统、能耗计量及数据远传系统。

6.1.3 系统对建筑设备的管理功能应能满足对建筑物的物业管理需要，实现数据共享，以生成节能及优化管理所需的各种相关信息分析和统计报表。

6.1.4 建筑设备管理系统应满足相关的管理需求，对相关的公共安全系统进行监视及联动控制。

6.1.5 建筑设备管理系统应具有对建筑机电设备测量、监视和控制功能，确保各类设备系统运行稳定、安全和可靠并达到节能和环保的管理要求。

6.2 建筑设备监控系统

6.2.1 建筑设备监控系统宜根据建筑设备的情况选择下列系统进行自动监测或控制并集中管理：

1 空调系统；

2 给排水系统；

3 变配电系统；

4 智能照明系统；

5 电梯系统；

6 公共区域、特殊区域环境质量监测系统。

具体监控点设置应符合国家现行标准《智能建筑设计标准》GB/T 50314 的有关规定。

6.2.2 系统应对综合体建筑中的蓄水池(高位水箱、生活水池)、污水池水位进行监测和报警。

6.2.3 系统宜对综合体建筑中的生活水蓄水池过滤设备、消毒设备的故障进行报警。

6.2.4 系统应对冷热源设备及相关传输和控制设备进行集中智能控制,以保证冷热源系统的安全和节能运行。

6.2.5 冷冻机房、锅炉房的设备应有就地控制及显示装置。

6.2.6 对新风机组、组合式空调机组等宜采用联网型现场控制器。

6.2.7 空调系统末端宜采用联网型风机盘管或变风量空调系统实现空调末端的群控功能。

6.2.8 在人员密度相对较大且流量变化较大的区域,宜采用新风需求控制。

6.2.9 系统宜采用集散式控制系统。

6.2.10 系统宜提供与火灾自动报警系统及安全防范系统等的通信接口。

6.2.11 当热力系统、制冷系统、空调系统、给排水系统、电梯管理系统、变配电系统、智能照明系统、自动扶梯及电梯、电动遮阳帘等分别采用自成体系的专业监控系统时,应通过通信接口纳入建筑设备监控系统。

6.2.12 智能照明系统宜根据城市综合体不同区域、不同场合设置不同场景。

6.2.13 智能照明系统应有与火灾自动报警及消防联动系统的接口,火灾时能接收消防控制信号,启动相应的应急照明系统。

6.2.14 智能照明系统模块记忆的预设置灯光场景,不应因停电而丢失,且每个智能照明控制模块应有断电后再来电时切换为预设开灯模式的功能。

6.2.15 智能照明系统应可支持多种控制方式：

1 定时控制；

2 场景控制；

3 单回路远程控制；

4 就地面板控制；

5 移动感应器控制；

6 光照度感应器控制。

6.3 能耗计量及数据远传系统

6.3.1 系统宜对下列系统和参数进行监测、分析和统计：

1 照明/插座、动力、空调以及特殊回路的用电量、电压、电流、功率因数、有功功率、无功功率、谐波电流等参数；

2 给水、燃气、燃油的流量、压力等各种能耗数据。

6.3.2 系统应实现以下功能：

1 自动采集各分类分项能耗数据，并自动存储于数据库；

2 具备完善的查询、检索功能，查询检索条件可选；

3 具备完善的统计分析功能，可对分类分项能耗数据进行统计分析；

4 具备完善的报表生成及打印功能，可按不同的条件生成各种监测报表；

5 自动生成上报数据，可根据上一级数据中心的要求自动完成数据的上传；

6 实时监测所有设备(计量表具、数据采集器、网络状态)的运行状况。

6.3.3 能耗计量及数据远传系统宜采用有线网络传输。

6.3.4 能耗计量及数据远传系统设备的电源宜就近引接。

6.3.5 水表

1 应在建筑物(或建筑群)市政给水管网引入总管上安装数字水表;

2 用户总表安装于干管处,用户各用水点均应设置数字水表;

3 宜在每栋单体建筑供水管上安装数字水表;

4 同一系统或用户中的不同功能用水点宜设置数字水表;

5 宜在冷却塔及水景补充水供水管上安装数字水表。

6.3.6 燃气表

1 应在功能区总进气管上安装燃气表,用于计量燃气的总用量;

2 宜在用户入户分支管路上安装燃气表。

6.3.7 热量表

1 供热采暖空调水系统的冷、热量应采用热量表计量;

2 供热采暖空调水系统热量表宜设置在总管上,对于总管不具备安装条件的系统,应在系统主管或各分支管处设置热量表,热量表的设置原则是满足对系统总供冷及供热量进行计量的要求;

3 供热采暖系统热量表宜设在一次侧,二次侧也可设置;

4 同一系统中不同用户也应设置表具。

7 公共安全系统

7.1 一般规定

7.1.1 城市综合体的公共安全系统，应根据建筑的功能划分及管理需求，合理配置相关的系统。

7.1.2 城市综合体公共安全系统的设计，应遵从人防、物防、技防有机结合的原则，在设置物防、技防设施时，应考虑人防的功能和作用。

7.1.3 公共安全系统应包括火灾自动报警及消防联动系统、电气火灾监控系统、安全技术防范系统、应急联动系统。因行业管理的特殊性，火灾自动报警及消防联动系统、电气火灾监控系统的设计应符合国家现行相关规范及标准的规定，不在本标准中详述。

7.1.4 系统设计时，应提供相关预埋管线、箱、盒等的安装和敷设要求。

7.1.5 公共安全系统的监控中心内宜采用由钢、铝或其他有足够机械强度的阻燃性材料制成的活动地板。活动地板表面应是防静电的，并严禁暴露金属构造。

7.1.6 城市综合体公共安全系统的设计应符合现行国家标准《智能建筑设计标准》GB/T 50314、《民用建筑电气设计规范》JGJ 16 等的有关规定。

7.2 火灾自动报警及消防联动系统

7.2.1 火灾自动报警系统的设计、保护对象的分级及火灾探测器设置部位等，应按现行国家标准《建筑设计防火规范》GB 50016、

《高层民用建筑设计防火规范》GB 50045 和《火灾自动报警系统设计规范》GB 50116 中的有关规定执行。

7.2.2 探测区域应按独立的房间划分，一个探测区域的面积不宜超过 500 m^2。

7.2.3 消防控制设备应采用分散与集中相结合的控制方式。

7.2.4 消防联动控制器应能按设定的控制逻辑发出联动控制信号，控制各相关的受控设备，并接收相关设备动作后的反馈信号。

7.2.5 消防联动系统的联动设备应包含自动喷水灭火系统、消火栓、气体灭火系统、防烟排烟系统、防火卷帘门、门禁系统、电梯、紧急广播、消防应急照明及疏散指示标志。

7.2.6 消防控制室应至少由火灾报警控制器、消防联动控制器、消防控制室图形显示装置或其组合设备组成；应能监控消防系统及相关设备，显示相应设备的动态信息和消防管理信息，向远程监控中心传输火灾报警及其他相应信息。

7.2.7 消防控制室应能显示建筑物的总平面布局图、建筑消防设施平面布置图、建筑消防系统图及安全出口布置图、重点部位位置图等。当有火灾报警信号、故障信号等输入时，显示相应部位对应总平面布局图中的建筑位置、建筑平面图，在建筑平面图上指示相应部位的物理位置，记录时间和部位等信息。

7.2.8 在消防控制室内，应能控制保护区域内气体灭火控制器、消防电气控制装置、消防设备应急电源、消防应急广播设备、消防电话、传输设备、消防电动装置、消防电动装置所控制的电气设备、电动门窗等相关消防设备的启动与停止，并显示反馈信号。

7.2.9 消防控制室应能显示系统内各消防设备的供电电源（包括交流和直流电源）和备用电源工作状态。

7.2.10 火灾自动报警及消防联动系统的设计，除执行本标准外，尚应符合现行的有关强制性国家标准、规范的规定。

7.3 电气火灾监控系统

7.3.1 城市综合体内高层建筑物火灾危险性大、人员密集的场所宜设计电气火灾监控系统。

7.3.2 电气火灾监控系统应由电气火灾监控设备、剩余电流式电气火灾监控探测器以及测温式电气火灾监控探测器三个最基本设备组成。

7.3.3 电气火灾监控系统的设计应按现行国家标准《建筑设计防火规范》GB 50016 和《高层民用建筑设计防火规范》GB 50045 中的有关规定执行。

7.3.4 电气火灾监控系统的安装和运行应符合现行国家标准《剩余电流动作保护装置安装和运行》GB 13955 中的相关规定。

7.3.5 测温式电气火灾监控探测器的安装和运行应符合现行国家标准《电气火灾监控系统 第3部分 测温式电气火灾监控探测》GB 14287.3 中的相关规定。

7.3.6 电气火灾监控系统的供电应符合现行国家标准《供配电系统设计规范》GB 50052 中的相关规定。

7.3.7 电气火灾监控系统应独立运行，且应有完全开放的通信协议和接口，方便系统集成。

7.3.8 电气火灾监控系统的设计，除执行本标准外，尚应符合现行的有关强制性国家标准、规范的规定。

7.4 安全技术防范系统

7.4.1 城市综合体的安全技术防范系统宜包括视频监控系统、入侵报警系统、电子巡查管理系统、出入口控制及门禁管理系统、停车场管理系统、访客对讲系统和紧急求助报警系统。针对不同功能区域及建筑规模，可选择配置。

7.4.2 视频监控系统设计应遵循以下标准：

1 应根据建筑物安全管理的需要，对建筑物内（外）的主要公共活动场所、重要部位等进行视频探测的画面再现、图像的有效监视和记录，一般由前端、传输网络和控制中心组成。

2 系统可采用模拟设备或数字设备，或者模拟和数字设备结合，录像、回放等应按城市综合体不同业态划分不同系统。

3 视频监控系统前端设备摄像机的覆盖范围应包括内（外）的园区或休息区等主要等待休息的公共活动场所，以及出入口、通道、电梯（厅）、地下停车场、存放贵重或重要设备的场所等其他重要部位和场所。

4 视频监控系统图像在正常的工作照明条件下，人行主要出入口、地下停车场出入口应能实时监视、记录人员及车辆流动，回放图像应能清晰显示人员脸部特征、车辆车牌号；非重要区域应能够实时监视人员的活动情况，回放图像应能清晰辨别人员的体貌特征；环境照度不够时须使用低照度摄像机或者采取补光措施。

5 视频监控系统的信号传输应根据建筑物的平面分布和功能需求选择。

6 系统的控制中心宜由显示设备、存储设备、视频管理软件、操作终端和控制台等附属设备组成。

7 前端摄像机应具有足够的水平清晰度，图像回放效果要求清晰、稳定，在显示屏上应能有效识别目标。

8 重要部位的记录图像保存时间应不少于30天，单帧数字图像的像素总数不小于D1（720×576）。

9 视频监控系统应与出入口控制及门禁管理系统、入侵报警系统联动。应有完全开放的通信协议和接口，方便系统集成。

7.4.3 入侵报警系统设计应遵循以下标准：

1 入侵报警系统宜由前端设备（包括探测器和紧急报警装置）、传输设备、处理/控制/管理设备和显示/记录设备四个主要部分组成。

2　根据环境场地和使用要求选用红外/微波入侵探测器、感应探测电缆等相应的入侵探测设备。入侵探测器的安装区域宜包括与外界相通的出入口、安防监控中心、重要通道、机房、设备间等位置或区域。周界围墙宜安装探测电缆或电子围栏等入侵探测设备。

3　系统能独立运行，可自动处理报警流程，并以多种方式发出报警信息。

4　系统能显示和记录报警部位及有关警情数据，并能与视频监控系统、出入口控制及门禁管理系统等联动。

5　系统具有防破坏报警功能。

6　在重要区域和重要部位发出报警的同时，能对报警现场进行复核。

7.4.4　电子巡查管理系统设计应遵循以下标准：

1　系统可选用在线式或离线式系统。

2　根据建筑物的使用功能和安全防范管理的要求，预置巡查程序，通过信息识读器等对保安人员巡查的工作状态进行监督、记录，并能对意外情况及时报警。

3　巡更站点宜设置在建筑物（园区）出入口、电梯前室、停车场、重点防范部位、主要通道及走廊等需要设置巡更站点的地方。

4　信息识读器底边距地面宜为 1.3～1.5 m，安装方式应具备防破坏措施，或选用防破坏型产品。

5　在线式系统的管线宜采用暗敷。

6　系统可独立设置，也可与出入口控制及门禁管理系统或入侵报警系统联合设置。

7.4.5　出入口控制及门禁管理系统设计应遵循以下标准：

1　系统能根据建筑物的使用功能和安全防范管理的要求，对需要控制的各类出入口的进、出实施实时控制与管理，并具有报警功能。

2　系统由门禁控制器、读卡器、出门按钮、通道闸/电控锁、感应卡、管理软件等设备组成，宜具有生物识别功能。

3　系统宜具有联网功能；联网系统应具有单机脱网工作、脱网主机报警功能，并应具有联网恢复时数据自动上传功能。

4　系统的识别装置和执行机构能保证操作的有效性和可靠性，重点防范区域宜具有防尾随措施。系统的信息处理装置能对系统中的有关信息自动记录、打印、存储，并具有防篡改和防销毁等措施。

5　系统应具有防止同类设备非法复制的功能。

6　系统能独立运行，且能与火灾自动报警系统、视频监控系统、入侵报警系统、电子巡查管理系统等联动，同时系统必须满足发生消防警情时人员疏散的相关要求。

7　系统应有完全开放的通信协议和接口，方便系统集成。

7.4.6　停车场管理系统设计应遵循以下标准：

1　系统能根据用户对车辆管理的实际使用需求设计，对停车库(场)的车辆通行道口实现出入控制、监视、行车信号指示、停车管理等综合管理。

2　停车场管理系统宜包含道闸控制、图像对比、语音提示、语音对讲、中文显示、自动出卡、收费管理等功能。

3　宜设置车位显示及引导、车牌自动识别、电动路障等功能。

4　各功能区域的停车场划分合理，任意一个出口可实现收费。购物中心停车场还需设多点收费以及预缴费，进出口道闸宜选用高速道闸。

5　具有紧急疏散功能。

6　系统可配置银行卡、城市公交卡等接口。

7　系统宜与出入口控制及门禁管理系统、视频监控系统联网。

7.4.7　访客对讲系统设计应遵循以下标准：

1 在有封闭管理要求的建筑出入口设置可视或非可视访客对讲系统。

2 系统由中心管理机、门口机、室内分机组成。

3 系统宜具有联网功能;联网系统应具有单机脱网工作、脱网主机报警功能。

4 门口机宜安装在入口处防护门上或墙体内,室内分机宜安装在入户门内侧,主机和室内分机底边距地面宜为1.3~1.5 m。

5 中心管理机实现对讲、报警接收、信息发布等功能,门口机实现刷卡开门、信息存储等功能,室内分机可实现开锁、对讲、呼叫管理员等功能。

7.4.8 紧急求助报警系统应符合下列规定:

1 在重要地点和区域,应设置紧急求助报警装置,并将信号引至监控中心。

2 紧急求助报警装置应具有防拆卸、防破坏报警功能,且有防误触发措施;安装位置应适宜,应考虑老年人和未成年人的使用要求,可选用触发件接触面大、机械部件灵活可靠的产品。

3 紧急求助报警系统宜与出入口控制及门禁管理系统、视频监控系统联动。

7.4.9 监控中心的设计应符合下列规定:

1 监控中心应具有自身的安全防范设施,应满足消防报警的设计要求。

2 监控中心应配置多种可靠的通信工具,并应留有与上级接警中心联网的接口。

3 根据城市综合体各业态的管理要求,结合火灾自动报警及消防联动系统的功能,可合并设置监控中心,面积需满足设备布置、消防器材布置、人员操作、人员疏散的要求,并合理预留空间。

7.5 应急联动系统

7.5.1 应急联动系统平台在视频监控系统、火灾自动报警系统、紧急广播系统、卫星通信系统、视频会议系统等的基础上搭建。

7.5.2 应急联动系统的供电系统应按照特别重要负荷来设计，UPS 备用电池时间不小于 2 小时。

7.5.3 应急联动系统应具有下列功能：

1 对火灾、非法入侵等事件进行准确探测和本地实时报警；

2 采取多种通信手段，对自然灾害、重大安全事故、公共卫生事件、社会安全事件实现本地报警和异地报警；

3 指挥调度；

4 紧急疏散与逃生导引；

5 事故现场紧急处置。

7.5.4 应急联动系统宜具有下列功能：

1 多通道接收上级的各类指令信息；

2 采集事故现场信息；

3 收集各子系统上传的各类信息，接收上级指令和应急系统指令并下达至各相关子系统；

4 多媒体信息的大屏幕显示；

5 建立各类安全事故的应急处理预案。

7.5.5 应急联动系统应配置下列系统：

1 有线/无线通信、指挥、调度系统；

2 多路报警系统（110、119、122、120 及水、电等城市基础设施抢险部门）；

3 消防－建筑设备联动系统；

4 消防－安防联动系统；

5 应急广播－信息发布－疏散导引联动系统。

7.5.6 应急联动系统宜配置下列系统：

1　大屏幕显示系统；

2　基于地理信息系统的分析决策支持系统；

3　视频会议系统；

4　信息发布系统。

7.5.7　应急联动系统建设应纳入地区应急联动体系并符合相关的管理规定。

7.5.8　应急联动系统宜满足现行国家标准《智能建筑设计标准》GB/T 50314 的相关规定。

8 智能化集成系统

8.1 一般规定

8.1.1 城市综合体应根据需求合理设置智能化集成系统。

8.1.2 智能化集成系统集成范围宜包含信息设施系统、信息化应用系统、建筑设备管理系统和公共安全系统。

8.1.3 智能化集成系统应实现各系统之间的数据集中监测、数据分析、联动控制功能，实现全过程的设备跟踪处理、全方位的能耗统计分析和优化的节能管理。

8.2 集成平台

8.2.1 智能化系统集成应采用统一平台，完成数据通信、信息采集及联动的综合处理，实现信息共享。

8.2.2 系统集成平台宜采用网络式结构，通信层宜采用基于 TCP/IP 协议的以太网架构。

8.2.3 应根据用户使用和管理需求，把软、硬件平台，网络平台，数据平台等组成一个完整协调的集成系统，实现优化控制与管理，创造节能、高效、舒适、安全的环境。

8.3 集成接口

8.3.1 智能化集成系统应预留数据通信接口，满足同物业运营管理各子系统等的互联互通，从而有机整合，实现全方位的数据分析、控制和管理。

8.3.2 智能化集成系统应提供与安全技术防范系统、建筑设备管理系统、火灾自动报警及消防联动系统互联所必需的标准通信接口。在集成系统平台上应能观测到各子系统的相关实时信息。

8.3.3 智能化集成系统应提供通过电话网和广域网的通信口，实现远距离通信与控制、资源共享与联动控制的能力。

8.3.4 集成的通信协议和接口应符合现行国家相关的技术标准，宜采用通用产品，且要注重接口的可靠性和实时性。

8.3.5 智能化集成系统应具有可靠性、实时性、容错性、易维护性和可扩展性。

8.4 运行环境

8.4.1 智能化集成系统宜在 UNIX、Linux、Windows 和其他成熟、开放的操作系统上运行。

8.4.2 智能化集成系统应支持多种数据库。

9 机房工程

9.1 一般规定

9.1.1 城市综合体智能化系统机房应按照《电子信息系统机房设计规范》GB 50174 进行设计。

9.1.2 智能化系统机房宜包括控制室、弱电间及弱电竖井等。控制室包括信息中心设备机房、通信接入机房、智能化系统控制中心机房等。各业务系统机房应服从于业务系统自身规定。

9.1.3 智能化系统宜集中设置弱电机房,各功能建筑宜设置分控制室。

9.1.4 根据机房的使用性质、管理要求及重要性确定机房等级,根据不同的机房等级进行相对应的机房工程设计。同一机房的不同部分可根据实际情况按不同的标准进行设计。

9.1.5 智能化系统机房应设等电位连接网络,接地线不得形成封闭回路。电气和电子设备的金属外壳、机柜、机架、金属管、槽、屏蔽线缆外层、信息设备防静电接地、安全保护接地、浪涌保护器接地均应以最短的距离与等电位连接网络的接地端子连接。

9.1.6 机房设计包括装饰装修、照明、空调、消防、屏蔽、弱电等设计要素。

9.2 装饰装修

9.2.1 装饰装修工程包括吊顶、隔断、地面处理、活动地板、内墙和顶棚及柱面处理、门窗制作安装等。

9.2.2 室内装修设计选用材料的燃烧性能应符合国家有关标准

规定。

9.2.3 地面设计满足使用功能要求，当敷设(防)抗静电地板时，活动地板的高度应根据电缆布线和空调送风要求确定。

9.3 机房照明工程

9.3.1 主机区和辅助区内的主要照明光源应采用高效节能荧光灯，灯具应采取分区分组的控制措施。

9.3.2 机房内应设置通道疏散照明及疏散指示标志灯。

9.3.3 机房内的照明线路宜穿钢管暗敷或在吊顶内穿钢管明敷。

9.4 机房空调工程

9.4.1 城市综合体的智能化系统机房宜设置独立的空调系统；主机房与辅助房间的空调参数不一致时，宜分别设置空调系统。

9.4.2 空调设备的选用应符合运行可靠、经济适用、节能和环保的要求，应根据机房等级、建筑条件和设备的发热量进行选择，并符合国家相关标准规定。

9.4.3 空调系统无备份设备时，单台空调制冷设备的制冷能力应预留 15% ~20% 的余量；选用机房专用空调时，应带有通信接口，通信协议应满足机房环境综合监控系统的要求，显示屏宜有汉字显示。

9.4.4 空调设备的空气过滤器和加湿器应便于清洗和更换，设备布置应预留相应的维修空间。

9.5 机房消防工程

9.5.1 城市综合体的智能化系统机房火灾自动报警及消防联动系统应符合现行国家标准《火灾自动报警系统设计规范》GB 50116 的有关规定。

9.5.2 气体灭火系统设计应符合现行国家标准《气体灭火系统

设计规范》GB 50370 的有关规定。

9.6 机房屏蔽工程

9.6.1 有保密要求的重要机房,应设置电磁屏蔽室或采取其他电磁泄漏防护措施。电磁屏蔽室的性能指标应符合国家相关标准的要求。

9.6.2 用于保密目的的电磁屏蔽室的结构形式可分为可拆卸式和焊接式。

9.7 机房弱电工程

9.7.1 机房内的弱电工程宜包括综合布线系统、门禁系统、视频监控系统、环境综合监控系统等。

9.7.2 机房内承担信息业务传输的综合布线系统,应选用六类及以上等级的线缆,传输介质的等级应保持一致,并应采取冗余配置;有屏蔽要求的,应采用屏蔽系统。

9.7.3 门禁系统宜在主机房、配电间、操作间等处设置,实现对机房的出入口控制。

9.7.4 视频监控系统宜设置在机房出入口、主机房内及配电间等主要位置。

9.7.5 机房环境综合监控系统应对 UPS 运行状态、精密空调运行状态、市电参数、开关状态、温度、湿度、消防、漏水检测等进行状态检测和智能报警。

9.8 弱电间及弱电竖井

9.8.1 弱电间应根据弱电设备的数量、系统出线的数量、设备安装与维修等因素,确定其所需的使用面积。商场、酒店、公寓等建筑的弱电间不宜小于 5 m^2。

9.8.2 弱电间及弱电竖井应根据弱电系统进出缆线所需的最大

通道，预留竖向穿越楼板、水平穿过墙壁的洞口。

9.8.3 高层建筑或弱电系统较多的多层建筑均应设置弱电间，弱电间的位置选择应符合下列要求：

1 宜设在靠近负荷中心，便于安装、维修的公共部位。

2 设有综合布线系统时，由弱电间至最远信息插座的布线距离不应超过 90 m，超过 90 m 时，应增设弱电间。

3 弱电间位置应上下层对应。每层均应设独立的门，不应与其他房间形成套间。

4 不应与水、暖、气等管道共用弱电间。

5 应避免靠近（邻近）烟道、热力管道及其他散热量大或潮湿的设施。

9.8.4 弱电间面积宜符合下列规定：

1 设有综合布线机柜时，弱电间面积宜大于或等于 5 m^2。如覆盖的信息点超过 150 点，应适当增加面积。应设外开宽度大于或等于 0.8 m 的门。

2 无综合布线机柜时，可采用壁柜式弱电间。系统较多时，弱电间面积宜大于或等于 3×0.8 m^2，并设两个外开双扇门；系统较少时，弱电间面积宜大于或等于 1.58×0.6 m^2，设外开双扇门。

3 弱电间的地坪或门槛应高出本层地坪。

10 电源、防雷与接地

10.1 一般规定

10.1.1 城市综合体建筑智能化系统应设置电源、防雷与接地系统。

10.1.2 城市综合体建筑智能化系统的用电负荷等级应按照一级负荷中特别重要负荷来设计。

10.1.3 当电缆从建筑物外面进入建筑物时,应选用适配的信号线路浪涌保护器,信号线路浪涌保护器应符合国家相关标准要求。

10.1.4 城市综合体的防雷接地、配电系统的接地、设备的保护接地、电子信息系统的接地、屏蔽接地、防静电接地等宜采用共用接地装置,优先采用自然接地体,其接地电阻应按其中最小值确定。

10.1.5 城市综合体的各类型机房防雷与接地系统设计除应执行本标准外,尚应符合现行国家标准《建筑物电子信息系统防雷技术规范》GB 50343 和《建筑物防雷设计规范》GB 50057 的有关规定。

10.2 智能化系统电源

10.2.1 城市综合体智能化系统电源应满足一级负荷中特别重要负荷的要求,并设置不间断电源(UPS)。若采用不间断电源,电池组应放置于机房电源室内,并配置电池柜。

10.2.2 城市综合体智能化系统宜根据规模大小、设备分布及对电源需求等因素,采取不间断电源分散供电或集中供电作为备用电源。

10.2.3 电源输入端应设电涌保护装置。

10.2.4 不间断电源系统的基本容量应考虑智能化系统的负荷并应留有余量。不间断电源系统的基本容量可按下式计算：

$$E \geqslant 1.2P \tag{10.2.4}$$

式中 E——不间断电源系统的基本容量(不包含备份不间断电源系统设备),kW/kVA;

P——智能化系统设备的计算负荷,kW/kVA。

10.2.5 不间断电源的输出功率因数应大于或等于0.8,谐波电压畸变率和谐波电流畸变率应符合表10.2.5中的Ⅰ级标准。

表10.2.5 不间断电源(UPS)的谐波限值

级别	Ⅰ级	Ⅱ级	Ⅲ级
谐波电压畸变率(%)	3~5	5~8	8~10
谐波电流畸变率 (规定3~39次THDI)(%)	<5	<15	<25

10.3 智能化系统防雷与接地

10.3.1 智能化系统的防雷与接地应满足人身安全及智能化系统正常运行的要求,并应符合国家现行标准的规定。

10.3.2 保护性接地和功能性接地宜共用一组接地端子,其接地电阻应按照其中最小值确定。对功能性接地有特殊要求,需单独设置接地线的智能化设备,接地线应与其他接地线绝缘,供电线路与接地线宜同路径敷设。

10.3.3 机房内的智能化设备应进行等电位连接,等电位连接方式应根据电子信息设备易受干扰频率及机房的等级和规模确定。

10.3.4 UPS电源应按下列规定做重复接地：

1 UPS供电电源采用TN－S制时,若UPS旁路未加隔离变压器,UPS 出线端 N 线、PE 线不能连接。若 UPS 旁路加隔离变压器,UPS 出线端应做重复接地。

2 UPS 供电电源采用 TN－S 制时,若 UPS 旁路未加隔离变压器,但在 UPS 输出端配电柜(PDU)中加隔离变压器,则在 PDU 柜出线处应将 N 线、PE 线连接,做重复接地。

本标准用词说明

1　为便于执行本标准条文时区别对待，对要求严格程度不同的用词说明如下：

（1）表示很严格，非这样做不可的：

正面词采用“必须”，反面词采用“严禁”。

（2）表示严格，在正常情况下均应这样做的：

正面词采用“应”，反面词采用“不应”或“不得”。

（3）表示允许稍有选择，在条件许可时首先应这样做的：

正面词采用“宜”，反面词采用“不宜”。

（4）表示有选择，在一定条件下可以这样做的：

正面词采用“可”，反面词采用“不可”。

2　条文中指定应按其他有关标准执行时，写法为“应符合……的规定”或“应按……执行”。

非必须按所指定的标准执行时，写法为“可参照……执行”。

河南省工程建设标准

城市综合体建筑智能化系统设计标准

DBJ41/T143—2014

条 文 说 明

目　　次

1 总　则

1.0.1 狭义来讲,城市综合体是以建筑群为基础,融合商业零售、商务办公、酒店餐饮、公寓住宅、综合娱乐五大核心功能于一体的"城中之城"(功能聚合、土地集约的城市经济聚集体)。但是,随着时代的进步,越来越多源于城市综合体运作模式的综合体建筑不断演化出来,它们的功能比狭义的城市综合体少,根据不同功能的侧重有不同的称号,但是都属于城市综合体。

本条是制定本标准的宗旨和目的,是对城市综合体建筑智能化工程设计在贯彻国家技术经济政策方面所作的原则规定,即在满足技术性能和要求的前提下,既要采用先进技术,又要节省投资。

1.0.2 本条规定了本标准的适用范围。

1.0.4 本标准为工程设计人员和工程建设单位提供了城市综合体建筑智能化工程的设计依据,工程设计中相关的国家现行标准是本标准实施的基础。本标准所引用的国家现行标准应是该被引用标准的最新版本,这些标准重编或修改后,应自动改为相应的新版标准。

3 基本规定

3.0.3 城市综合体包含商业、办公、居住、旅店、展览、餐饮、会议、文娱和交通等城市生活空间的三项以上的组合，各功能区域有各自的特点，因此在设计中应该综合考虑，结合城市综合体业务类别、管理需求及建设投资，进行合理设计。

4 信息设施系统

4.1 一般规定

4.1.3 目前除有线电视系统由各地主管部门统一管理外，通信、信息网络业务均由多家经营商经营管理。居民有权选择通信、信息网络业务经营商，所以本标准规定了城市综合体建筑要预留三个通信业务经营商和三个信息网络业务经营商所需设施的安装空间。

4.1.4 实际需求是指城市综合体业务类别、管理需求及建设投资。

4.2 通信接入系统

4.2.3 此处的不同位置，既可以指建筑物不同方向的不同位置，也可以指建筑物同一方向的不同位置。城市综合体建筑通信接入系统采用铜缆接入方式时需有30%的余量，采用光纤接入方式时应有冗余，不宜少于两根光纤。

4.3 电话交换系统

4.3.1 根据综合体区域不同功能，合理选择是否自备程控交换机。

4.3.3 城市综合体的公共服务空间，需要配置公用电话。

4.4 计算机网络系统

4.4.1 使用者在具体工程实施中需结合不同功能区域信息化系

统的应用进行详细的配置。

4.4.2 本条是根据《中华人民共和国国民经济和社会发展第十二个五年规划纲要》中“构建下一代信息基础设施”,“推进城市光纤入户,加快农村地区宽带网络建设,全面提高宽带普及率和接入带宽”,以及《“十二五”国家战略性新兴产业发展规划》中“实施宽带中国工程”、“加快推进宽带光纤接入网络建设”等内容而提出的。加快推进光纤到户,是提升宽带接入能力、实施宽带中国工程、构建下一代信息基础设施的迫切需要。《“十二五”国家战略性新兴产业发展规划》明确提出“到 2015 年城市和农村家庭分别实现平均 20 兆和 4 兆以上宽带接入能力,部分发达城市网络接入能力达到 100 兆”的发展目标,要实现这个目标,必须推动城市宽带接入技术换代和网络改造,实现光纤到户。

4.4.3 内网为物业管理应用,服务于综合体运营,只对管理机构开放;外网为普通数据点,主要用在商业区域。

所谓“物理隔离”,是指内网不得直接或间接地连接公共网。物理隔离包含 SU - GAP 隔离网闸技术、物理隔离卡。国际互联网是以国际化、开放和互联为特点的,而安全度和开放度永远是一对矛盾。虽然目前可以利用防火墙、代理服务器、入侵监测等技术手段来抵御来自互联网的非法入侵,但至今这些技术手段都还存在许多漏洞,还不能彻底保证内网信息的绝对安全。只有使内网和公共网事先物理隔离,才能真正保证内网不受来自互联网的黑客攻击。

4.4.4 核心交换机、服务器、存储设备等在投资条件允许的情况下可采用冗余配置,以保证核心系统的稳定性及高可靠性。

4.4.13 灾备系统就是为计算机信息系统提供的一个能应付各种灾难的环境。当计算机系统在遭受如火灾、水灾、地震、战争等不可抗拒的自然灾难以及计算机犯罪、计算机病毒、掉电、网络/通信失败、硬件/软件错误和人为操作错误等人为灾难时,灾备系统将保证用户数据的安全性(数据容灾)。

4.5 综合布线系统

4.5.6 主干网络含城市综合体各功能建筑之间网络和建筑内竖向网络。

4.5.7 光纤到户(FTTH)已作为主流的宽带通信接入方式,其部署范围及建设规模正在迅速扩大。与铜缆接入(xDSL)、光纤到楼(FTTB)等接入方式相比,光纤到户接入方式在用户接入宽带、所支持业务丰富度、系统性能等方面均有明显的优势。主要表现在:一是光纤到户接入方式能够满足高速率、大带宽的数据及媒体业务的需求,能够适应现阶段及将来通信业务种类和带宽需求的快速增长,同时光纤到户接入方式对网络系统和网络资源的可管理性、可拓展性更强,可大幅提升通信业务质量和服务质量;二是光纤到户接入方式能够节省有色金属资源,减少资源开发及提炼过程中的能源消耗,并能有效推进光纤光缆等战略性新兴产业的快速发展。

4.6 室内移动通信覆盖系统

4.6.1 一般建筑多为钢筋混凝土结构,大楼内电磁波信号损失严重。在大型建筑物的电梯内、地下停车场等区域,移动通信信号弱,手机无法正常使用,形成了移动通信的盲区和阴影区;在建筑物的高层,由于受基站天线的高度限制,信号无法正常覆盖,也是移动通信的盲区。因此,解决好室内信号覆盖,满足用户需求,提高网络覆盖质量,已变得越来越重要。另外,在有些建筑物内,虽然手机能够正常通话,但是由于用户密度大,基站信道拥挤,手机上线困难,因此必须采用相关室内覆盖技术。

4.6.2 在管道密集和地下室等区域,无线信号受到干扰和衰减,因此必须布设分布天线,从而消除室内覆盖盲区,抑制干扰,为楼内的移动通信用户提供稳定、可靠的室内信号,使用户在室内也能享受高质量的移动通信服务。

4.7 无线对讲系统

4.7.4 载噪比(信噪比)是用来表示载波与载波噪声关系的标准测量尺度。高的载噪比可以提供更好的网络接收率、更好的网络通信质量以及更高的网络可靠率。

4.7.5 地上建筑的功率上下限值应在 $-90 \sim 27$ dBm($10^{-9} \sim 500$ mW),地下层功率的上下限值应在 $-80 \sim 30$ dBm(10^{-8} mW ~ 1 W)。

4.8 卫星通信系统

4.8.1 卫星通信已成为远距离、全球通信的主要手段,卫星通信在现代交往活动中有着广泛的应用和很好的发展前景。

4.9 有线电视及卫星电视接收系统

4.9.1 四星级以上酒店宜适当考虑境外节目源。

4.9.2 卫星广播电视信号的接收和传输,应按照国家相关部门的管理规定。

4.9.3 传输与分配网络在新建、改建、扩建项目的有线电视系统建设中,都应采取双向传输、集中分配分支方式,以适应有线电视数字化整体转换的实施要求。

4.9.5 考虑信息导引及发布系统对电视节目直播的需求,宜预留有线电视信号的接口给信息导引及发布系统。

4.10 广播系统

4.10.1 火灾应急广播应具有优先权。火灾应急广播的扬声器与背景音乐广播的扬声器兼用时,平常播放背景音乐,发生火灾时,应能强制切除背景音乐，接入火灾应急广播。

4.11 会议系统

4.11.1 关于会议场所的分类，这里只是给出一个大的分类，具体到实际设计时可再细分。

4.12 信息导引及发布系统

4.12.2 信息导引及发布系统的配置，可根据实际需求，对信息采集、信息编辑、信息播控、信息显示和信息导览进行组合。

4.13 停车导引系统

4.13.6 停车导引系统宜设置反向寻车功能，可以极大地提高系统的服务功能。

4.14 智能化室外管网系统

4.14.2 如果环境不具备采用地下管道敷设线缆的条件，也可采用架空等方式。

5 信息化应用系统

5.2 工作业务应用系统

5.2.2 城市综合体功能建筑及功能区域较多，所需的工作业务应用系统也不同，应针对各功能选择相应的系统。

5.3 物业运营管理系统

5.3.1 城市综合体由于体量大，物业信息丰富，物业运营管理系统应对各类信息、流程做详细解析。

5.6 智能卡应用系统

5.6.1 与银行信用卡等融合的智能卡应用系统，卡片宜选用双面卡，正面为感应式，背面为接触式。

6 建筑设备管理系统

6.2 建筑设备监控系统

6.2.8 新风需求控制即根据室内 CO_2 浓度检测值来增加或减少新风量，使 CO_2 浓度始终维持在卫生标准规定的限值内。

6.2.11 设备监控系统应对大楼内所有机电设备进行集中管理，因此要对各专业监控系统实现数据通信。

6.2.15 设计中宜合理设置照度传感器，尽量用室外亮度来控制各区域照明，以达到节能的目的。

6.3 能耗计量及数据远传系统

6.3.1 系统应对城市综合体内的用电、用水、用气以及燃油做到能耗计量。

6.3.2 能耗计量及数据远传系统应能对所采集的数据进行分析和统计，并提供报表。

7 公共安全系统

7.1 一般规定

7.1.3 因行业管理的特殊性,火灾自动报警及消防联动系统、电气火灾监控系统不在此详述,应按照《火灾自动报警系统设计规范》GB 50116、《高层民用建筑设计防火规范》GB 50045 和《建筑设计防火规范》GB 50016 中的规定进行设计。

7.4 安全技术防范系统

7.4.1 应采取人防和技防相结合、主动防御和被动防御相结合的安防策略。被动防御通常包括视频监控系统、入侵报警系统、电子巡更管理系统;主动防御通常包括门禁管理系统、停车场管理系统、访客对讲系统和紧急求助系统。

7.4.2 当与报警系统联动时,能自动对报警现场进行图像复核,能将现场图像自动切换到指定的监示器上显示并自动录像。集成式安全防范系统的视频监控系统应能与安全防范系统的安全管理系统联网,实现安全管理系统对视频监控系统的自动化管理与控制。组合式安全防范系统的视频监控系统应能与安全防范系统的安全管理系统连接,实现安全管理系统对视频监控系统的联动管理与控制。分散式安全防范系统的视频监控系统应能向管理部门提供决策所需的主要信息。

7.4.3 集成式安全防范系统的入侵报警系统应能与安全防范系统的安全管理系统联网,实现安全管理系统对入侵报警系统的自动化管理与控制。组合式安全防范系统的入侵报警系统应能与安全防范系统的安全管理系统连接,实现安全管理系统对入侵报警系统的联动管理与控制。分散式安全防范系统的入侵报警系统应能向管理部门提供决策所需的主要信息。

7.4.4 工作状态包括是否准时、是否遵守顺序等。系统可以独立设置,单独成系统,也可以和出入口控制及门禁管理系统或入侵报警系统联合设置,即可以利用门禁系统或报警系统的现场点位来作为巡更信息点。

7.4.5 门禁管理系统是出入口控制系统的通俗称谓,但从字面上看不能代表出入口控制系统的所有内涵。如指纹识读设备、虹膜识读设备、防尾随人员快速通道等其他出入口控制设备的应用已很广泛,本标准只对门禁管理系统进行相关规定。紧急疏散和安全防范是一对矛盾,解决办法是出入口控制系统和报警系统联动,或者选用具有逃生功能的执行机构。

系统应在技术上采取措施,防止同类设备非法复制。

集成式安全防范系统的出入口控制系统应能与安全防范系统的安全管理系统联网,实现安全管理系统对出入口控制系统的自动化管理与控制。组合式安全防范系统的出入口控制系统应能与安全防范系统的安全管理系统连接,实现安全管理系统对出入口控制系统的联动管理与控制。分散式安全防范系统的出入口控制系统应能向管理部门提供决策所需的主要信息。

7.4.6 紧急疏散功能用于消防及应急状态。

7.4.9 监控中心宜独立设置,也可与出入口控制系统或入侵报警系统联合设置。

8 智能化集成系统

8.1 一般规定

8.1.1 智能化集成系统指以搭建组织机构内的信息化管理支持平台为目的,利用综合布线技术、楼宇自控技术、通信技术、网络互联技术、多媒体应用技术、安全防范技术、网络安全技术等将相关硬件、软件进行集成设计、安装调试、界面定制开发和应用支持。

8.1.2 应按照城市综合体建筑或建筑群的规模、功能需求和发展规划等具体要求及系统配置,确定合理的设计方案。

8.2 集成平台

8.2.1 将整个城市综合体的各自独立分离的设备、功能和信息集成到一个相互关联、完整和协调的综合平台上,并可以通过标准的数据库接口与综合管理系统建立数据连接,实现系统信息的共享和合理分配,同时集中管理、监控各子系统及实现各子系统的联动,并以一个简易友好的用户操作界面提供全面服务。

8.3 集成接口

8.3.4 系统的整体设计要为未来发展预留接口(提供相应的应用数据接口、协议和连接方式),采用符合相关标准的数据通信接口和协议,便于以后的扩展和调整。开放的系统结构,使各子系统均可提供基于 IP 的通用数据通信接口,便于未来的扩展和升级。

9 机房工程

9.1 一般规定

9.1.2 通信接入机房也可称作公共交接间。公共交接间作为城市综合体通信专用设备用房,应与有线电视、安全防范、火灾自动报警、建筑设备监控等其他弱电系统机房分开建设。总体通信管、线网和建筑物内通信暗配管、线网系统应与市政公用通信管、线网连接,由多家通信业务运营商共用,并满足多家通信业务经营者接入需要。通信配套设施由建设单位投资建设,并由多家运营商共同使用;通信配套设施建设应与总体工程同时设计、同时施工、同时竣工验收。

9.6 机房屏蔽工程

9.6.1 详见《电子信息系统机房施工及验收规范》GB 50462—2008 12.3.2 条。

10 电源、防雷与接地

10.2 智能化系统电源

10.2.2 特别重要负荷的不间断电源(UPS)宜采用多机组成$N+1$或多模块组成$N+1$的安全模式,同时系统故障时可以实现在线维修维护(零断电或者不必将系统转到维护旁路模式下进行的维护)。

10.2.5 UPS电源按照《建筑电气工程施工质量验收规范》GB 50303进行设置。

10.3 智能化系统防雷与接地

10.3.2 保护性接地包括防雷接地、防电击接地、防静电接地、屏蔽接地等;功能性接地包括交流工作接地、直流工作接地、信号接地等。

关于信号接地的电阻值,IEC有关标准及等同或等效采用IEC标准的国家标准均未规定具体要求,只要实现了高频条件下的低阻抗接地(不一定是接大地)和等电位连接即可。当与其他接地系统联合接地时,按其他接地系统接地电阻的最小值确定。